350 ejercicios
de restas con llevadas para
2º de Primaria

II

Proyecto Aristóteles

Copyright © 2014 Proyecto Aristóteles

Todos los derechos reservados.

Quedan prohibidos, dentro de los límites establecidos en la ley y bajo los apercibimientos legalmente previstos, la preproducción total o parcial de esta obra por cualquier medio o procedimiento, ya sea electrónico o mecánico, el tratamiento informático, el alquiler o cualquier otra forma de cesión de la obra sin la autorización previa y por escrito de los titulares del copyright.

ISBN: 1495428427
ISBN-13: 978-1495428425

A Raquel.

CONTENIDOS

Para comenzar i

1 Ejercicios 1

PARA COMENZAR

El blasón del Proyecto Aristóteles es el proverbio *usus, magíster egregius* (la práctica es el mejor maestro). El dominio de cualquier disciplina, incluidas las matemáticas, sólo puede adquirirse a través del ejercicio variado y constante. Éste es el motivo por el cual presentamos nuestra serie especial de ejercicios para Segundo de Primaria. El presente libro constituye la continuación del volumen I y está dedicado a ejercitar el conocimiento de las restas, la escritura de números, el redondeo a la decena y la centena, series de restas, operaciones con incógnitas, cálculo mental rápido.

Resta con llevadas.

```
  783      662      754      575      692
- 346    - 425    - 228    - 449    - 555
-----    -----    -----    -----    -----
```

Completa.

Centenas	Decenas	Unidades

742

Centenas	Decenas	Unidades

516

Centenas	Decenas	Unidades

443

Calcula y completa.

87 - ☐ = 79   ☐ - 2 = 56
56 - ☐ = 48   ☐ - 3 = 45

64 - ☐ = 57   ☐ - 4 = 22
72 - ☐ = 67   ☐ - 5 = 73

Escribe con palabras el número anterior y posterior.

423

315

464

258

Redondeo. La decena y la centena.

Completa.

32 redondeado a la decena es ……

47 redondeado a la decena es ……

94 redondeado a la decena es ……

56 redondeado a la decena es ……

260 redondeado a la centena es ……

540 redondeado a la centena es ……

730 redondeado a la centena es ……

870 redondeado a la centena es ……

Resta con llevadas.

```
  53      63      84      55      72
- 14    - 25    - 56    - 18    - 23
————    ————    ————    ————    ————
```

```
  83      61      74      95      52
- 46    - 25    - 28    - 49    - 15
————    ————    ————    ————    ————
```

Completa las series.

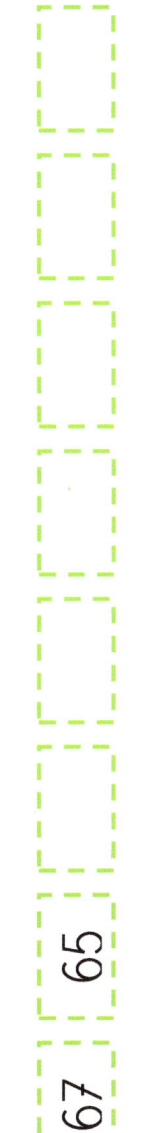

44	39						
67	65						
39	36						

Representa los siguientes números

CENTENAS	DECENAS	UNIDADES	
ooo	oooo	ooooo	345
			274
			536
			742
			612
			436
			227
			584
			324
			259
			824
			367
			121

Completa.

Centenas	Decenas	Unidades

436

Centenas	Decenas	Unidades

715

Centenas	Decenas	Unidades

253

Calcula y completa.

54 - ☐ = 46
82 - ☐ = 68

☐ - 3 = 46
☐ - 6 = 34

56 - ☐ = 31
73 - ☐ = 53

☐ - 5 = 25
☐ - 4 = 72

Resta con llevadas.

```
  735        463        772        685        493
- 218      - 135      - 256      - 348      - 127
-----      -----      -----      -----      -----
```

Escribe con palabras el número anterior y posterior.

451

222

350

439

_____   _____   _____   _____

_____   _____   _____   _____

Redondeo. La decena y la centena.

Completa.

88 redondeado a la decena es ……

64 redondeado a la decena es ……

41 redondeado a la decena es ……

26 redondeado a la decena es ……

460 redondeado a la centena es ……

710 redondeado a la centena es ……

920 redondeado a la centena es ……

390 redondeado a la centena es ……

Resta con llevadas.

```
  73    83    64    97    86
- 26  - 35  - 17  - 28  - 59
----  ----  ----  ----  ----

  75    34    64    93    71
- 38  - 15  - 18  - 74  - 43
----  ----  ----  ----  ----
```

Completa las series.

31	28						

47	45						

63	57						

Escribe el número representado.

CENTENAS	DECENAS	UNIDADES	
oooooo	oo	o	621
ooo	oooo	ooooo	345
oooooooo	ooooo	ooo	853
oo	ooooo	ooo	253
oo	oooo	ooooooo	247
ooooo	ooo	oooo	534
oooo	oooo	ooooooooo	449
ooo	ooooo	ooo	353
ooo	ooo	oooooo	336
ooo	oo	o	321
oooo	oooooooo	oooo	484
ooooo	oo	oooooooo	528
ooo	ooooo	ooo	353

Rodea los números en los cuales la cifra de las decenas sea 5.

53, 10, 35, 48, 46, 54, 75, 54, 50, 44, 52, 95, 41

Rodea los números en los cuales la cifra de las unidades sea mayor que la cifra de las decenas.

67, 54, 38, 49, 25, 63, 72, 28, 21, 47, 51, 98, 49

Calcula y completa.

54 - ☐ = 49
37 - ☐ = 28

55 - ☐ = 47
42 - ☐ = 32

☐ - 3 = 54
☐ - 5 = 75

☐ - 9 = 33
☐ - 3 = 61

Resta con llevadas.

```
  873      741      864      695      881
- 226    - 515    - 458    - 466    - 273
-----    -----    -----    -----    -----
```

Escribe con palabras el número anterior y posterior.

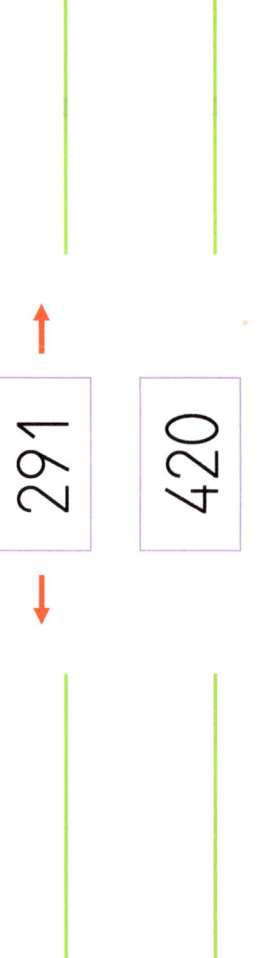

Redondeo. La decena y la centena.

Completa.

53 redondeado a la decena es ......

78 redondeado a la decena es ......

66 redondeado a la decena es ......

47 redondeado a la decena es ......

340 redondeado a la centena es ......

690 redondeado a la centena es ......

860 redondeado a la centena es ......

120 redondeado a la centena es ......

Resta con llevadas.

```
  33      53      84      75      82
- 19    - 25    - 57    - 18    - 17
----    ----    ----    ----    ----

  73      92      64      95      93
- 46    - 28    - 38    - 29    - 69
----    ----    ----    ----    ----
```

Completa las series.

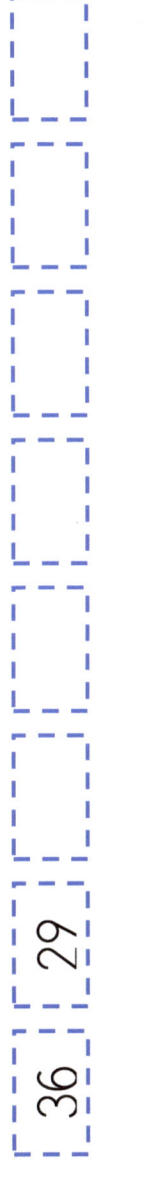

Representa los siguientes números

CENTENAS	DECENAS	UNIDADES	
oo	oo	ooooo	225
			852
			456
			394
			621
			479
			327
			412
			594
			289
			338
			241
			874

Lee y responde a las preguntas.

13, 50, 27, 48, 47, 60, 75, 20, 40, 89, 2, 91, 30

¿Cuáles de estos números están formados sólo por decenas?

¿Cuáles de estos números están formados por decenas y unidades?

¿Cuáles de estos números son menores de 30?

¿Cuáles de estos números son mayores de 40?

Calcula y completa.

65 - ☐ = 45
42 - ☐ = 26

86 - ☐ = 70
53 - ☐ = 34

☐ - 5 = 56
☐ - 3 = 42

☐ - 4 = 85
☐ - 2 = 99

Resta con llevadas.

```
  873      762      884      695      893
- 346    - 428    - 527    - 359    - 369
-----    -----    -----    -----    -----
```

Escribe con palabras el número anterior y posterior.

410

285

309

471

Redondeo. La decena y la centena.

Completa.

93 redondeado a la decena es ......

29 redondeado a la decena es ......

62 redondeado a la decena es ......

74 redondeado a la decena es ......

120 redondeado a la centena es .....

440 redondeado a la centena es .....

630 redondeado a la centena es .....

710 redondeado a la centena es .....

Resta con llevadas.

```
  85     53     92     85     93
- 18   - 35   - 56   - 48   - 27
----   ----   ----   ----   ----

  73     41     64     95     81
- 29   - 15   - 58   - 66   - 73
----   ----   ----   ----   ----
```

Completa las series.

| 74 | 70 | | | | | | |

| 59 | 53 | | | | | | |

| 38 | 36 | | | | | | |

Completa.

5 decenas son ☐ unidades.

6 decenas son ☐ unidades.

☐ decenas son 40 unidades.

☐ decenas son 90 unidades.

Lee y responde a las preguntas.

57, 20, 38, 21, 30, 75, 71, 42, 50, 80, 72, 65, 40

¿Cuáles de estos números están formados sólo por decenas?
_____

¿Cuáles de estos números están formados por decenas y unidades?
_____

¿Cuáles de estos números son menores de 70?
_____

¿Cuáles de estos números son mayores de 30?
_____

Calcula y completa.

42 - ☐ = 36
63 - ☐ = 57

85 - ☐ = 76
92 - ☐ = 62

☐ - 2 = 73
☐ - 4 = 30

☐ - 6 = 51
☐ - 4 = 46

Resta con llevadas.

```
  795     873     681     885     793
- 428   - 635   - 356   - 648   - 527
 ─────   ─────   ─────   ─────   ─────
```

Escribe con palabras el número anterior y posterior.

 322

401

262

478

Completa la tabla.

	393	Trescientos noventa y tres	300 + 90 + 3
	227		
	154		
	336		
	329		
	387		
	271		
	132		
	344		

Resta con llevadas.

```
  93      53      61      74      84
- 66    - 45    - 32    - 48    - 25
----    ----    ----    ----    ----

  75      44      64      78      92
- 26    - 15    - 38    - 49    - 73
----    ----    ----    ----    ----
```

Completa las series.

| 57 | 52 | | | | | | |

| 42 | 55 | | | | | | |

| 96 | 94 | | | | | | |

Completa.

6 decenas son ☐ unidades.

3 decenas son ☐ unidades.

☐ decenas son 40 unidades.

☐ decenas son 10 unidades.

Rodea los números en los cuales la cifra de las decenas sea 4.

143, 210, 135, 148, 246, 264, 175, 154, 250, 244, 152, 295, 141

Rodea los números en los cuales la cifra de las decenas sea mayor que la cifra de las centenas.

367, 454, 738, 149, 425, 563, 872, 128, 321, 247, 251, 798, 949

Calcula y completa.

83 - ☐ = 69
66 - ☐ = 54

☐ - 3 = 77
☐ - 5 = 48

54 - ☐ = 15
45 - ☐ = 26

☐ - 9 = 51
☐ - 3 = 23

Resta con llevadas.

```
  774        841        864        695        785
- 426      - 525      - 458      - 266      - 579
-----      -----      -----      -----      -----
```

Escribe con palabras el número anterior y posterior.

425

316

465

259

Completa la tabla.

	$300 + 60 + 4$							
364	236	153	327	321	381	179	262	343
Trescientos sesenta y cuatro								

Resta con llevadas.

```
  53     71     84     35     92
- 14   - 25   - 56   - 18   - 63
────   ────   ────   ────   ────

  83     62     54     75     92
- 46   - 25   - 28   - 49   - 55
────   ────   ────   ────   ────
```

Completa las series.

31	25						

78	74						

56	51						

Completa.

1 centena son 10 decenas.

3 decenas son ☐ unidades.

☐ ☐ ☐

☐ centenas son 40 decenas.

☐ decenas son 10 unidades.

☐ centenas son 200 unidades.

Lee y responde a las preguntas.

113, 500, 27, 48, 147, 60, 75, 20, 40, 189, 2, 91, 300

¿Cuáles de estos números están formados sólo por centenas?

¿Cuáles de estos números están formados por decenas y unidades?

¿Cuáles de estos números están formados sólo por decenas?

Ordena los números de mayor a menor.

Resta con llevadas.

```
  893        753        761        474        884
- 567      - 346      - 433      - 349      - 626
  ---        ---        ---        ---        ---
```

Escribe con palabras el número anterior y posterior.

213

495

344

418

Completa la tabla.

Trescientos cincuenta y cuatro	354	300 + 50 + 4
	314	
	276	
	131	
	347	
	393	
	322	
	143	
	257	

Resta con llevadas.

```
  82      83      94      75      53
- 53    - 24    - 55    - 17    - 29
____    ____    ____    ____    ____

  81      63      52      84      95
- 46    - 15    - 28    - 39    - 46
____    ____    ____    ____    ____
```

Completa las series.

83	80						
28	25						
42	37						

Completa.

3 centenas son ▢ decenas.

5 decenas son ▢ unidades.

▢ centenas son 20 decenas.

▢ decenas son 30 unidades.

▢ centenas son 500 unidades.

Lee y responde a las preguntas.

157, 20, 8, 21, 300, 75, 271, 42, 50, 80, 172, 65, 400

¿Cuáles de estos números están formados sólo por centenas?

_____

¿Cuáles de estos números están formados por centenas, decenas y unidades?

_____

¿Cuáles de estos números están formados sólo por decenas?

_____

Ordena los números de menor a mayor.

_____

Resta con llevadas.

```
  875      744      864      688      892
- 427    - 616    - 539    - 349    - 476
-----    -----    -----    -----    -----
```

Escribe con palabras el número anterior y posterior.

| 308 |
| 410 |
| 257 |
| 439 |

Completa la tabla.

	293	Doscientos noventa y tres
200 + 90 + 3	327	
	354	
	235	
	326	
	183	
	371	
	232	
	144	

Resta con llevadas.

```
  82    84    63    95    88
- 36  - 45  - 47  - 38  - 29
----  ----  ----  ----  ----

  73    36    63    94    76
- 48  - 15  - 38  - 27  - 39
----  ----  ----  ----  ----
```

Completa las series.

29	26						
42	35						
51	48						

Completa.

4 centenas son ☐ decenas.

7 decenas son ☐ unidades.

☐ centenas son 60 decenas.

☐ decenas son 20 unidades.

☐ centenas son 300 unidades.

Coloca los números en la casilla correspondiente.

137, 20, 8, 21, 300, 75, 271, 42, 50, 80, 172, 65, 400, 12, 256, 500, 5, 182, 233, 150, 759, 40, 66, 230, 459, 501, 72, 103, 20, 142, 306, 3, 120, 600, 65, 331, 401, 48, 10, 70, 32, 100, 330

Sólo unidades

Sólo centenas

Centenas y unidades

Decenas y unidades

Resta con llevadas.

```
  853      772      584      861      892
- 634    - 526    - 357    - 629    - 464
-----    -----    -----    -----    -----
```

Escribe con palabras el número anterior y posterior.

233

961

478

512

Resta con llevadas.

```
  73      83      64      97      86
- 36    - 55    - 47    - 38    - 29
----    ----    ----    ----    ----

  75      34      64      93      71
- 48    - 15    - 38    - 64    - 63
----    ----    ----    ----    ----
```

Resta con llevadas.

```
  52     73     84     65     93
- 23   - 34   - 45   - 37   - 49
----   ----   ----   ----   ----

  83     61     54     85     92
- 36   - 15   - 38   - 59   - 66
----   ----   ----   ----   ----
```

Completa las series.

57	55						
42	36						
99	94						

Completa.

9 centena son ☐ decenas.

7 decenas son ☐ unidades.

☐ centenas son 20 decenas.

☐ decenas son 60 unidades.

☐ centenas son 800 unidades.

Coloca los números en la casilla correspondiente.

167, 30, 8, 21, 300, 75, 271, 42, 50, 80, 172, 65, 400, 12, 256, 500, 5, 182, 233, 150, 759, 40, 66, 230, 459, 501, 72, 103, 20, 1, 42, 306, 3, 120, 600, 65, 331, 401, 48, 10, 70, 32, 100, 330

Centenas y decenas	Sólo decenas	Centenas y unidades	Decenas y unidades

www.ingramcontent.com/pod-product-compliance
Lightning Source LLC
Chambersburg PA
CBHW040831180526
45159CB00001B/145